职业教育工业设计专业（产品结构设计方向）系列教材

产品手绘

Chanpin Shouhui

李 爽 编著

华南理工大学出版社

SOUTH CHINA UNIVERSITY OF TECHNOLOGY PRESS

·广州·

图书在版编目（CIP）数据

产品手绘/李爽编著. —广州：华南理工大学出版社，2019.11
职业教育工业设计专业（产品结构设计方向）系列教材
ISBN 978-7-5623-6211-1

Ⅰ. ①产…　Ⅱ. ①李…　Ⅲ. ①产品设计–绘画技法–高等职业教育–教材　Ⅳ. ①TB472

中国版本图书馆CIP数据核字（2019）第264993号

产品手绘

李爽　编著

出 版 人：卢家明
出版发行：华南理工大学出版社
　　　　　（广州五山华南理工大学17号楼，邮编510640）
　　　　　http://www.scutpress.com.cn　E-mail: scutc13@scut.edu.cn
　　　　　营销部电话：020-87113487　87111048（传真）
项目策划：王魁葵　刘志秋
项目执行：付爱萍
责任编辑：蔡亚兰
印 刷 者：广州市新怡印务有限公司
开　　本：787mm×1092mm　1/16　印张：6　字数：140千
版　　次：2019年11月第1版　2019年11月第1次印刷
定　　价：68.00元

前　言

本课程是通过对职业教育工业设计专业（产品结构设计方向）人才需求的调研，根据企业对产品结构设计高技能人才的需求设立的。广州市工贸技师学院深入开展校企合作项目，推进"工学结合"一体化教学改革，坚持以"企业真实的工作任务为导向，以提升综合职业能力为核心"的教学目标，实现了在"工作中学习，在学习中工作"的教学效果，形成了以职业学院与企业"共商教学计划、共建课程体系、共创工学一体、共组教师队伍、共建学习环境、共搭管理平台、共享教学资源、共评学生能力"的工学一体化教学模式与一体化课程体系。

广州市工贸技师学院工业设计组的老师通过多次参加工业设计行业企业调研、多次召开企业专家访谈会，提取出产品手绘典型工作任务，再转化成"产品手绘"一体化课程。经过与产品手绘一线岗位工作人员现场访谈、顶岗实习、企业专家提供实际工作流程的系列过程，提取代表性工作任务，再转化成学生的学习任务。通过与企业专家研讨，确定把"基本几何形态为主的产品手绘""多几何体交叉组合的产品手绘""带曲面形态的产品手绘""复杂形态的产品手绘"四个任务作为本课程的学习任务。

产品手绘主要通过手绘效果图直观且形象地表达产品设计师的创意构思和设计意图。在产品设计的过程中，设计师需要依靠手绘设计草图快速记录设计想法，再根据设计定位不断进行深入研究，然后完成设计任务。通过学习该课程，能够训练学生空间思维能力和手绘设计创意表达能力，了解产品设计流程，掌握产品造型的概念和理解产品的结构设计。

目　录

基本几何形态为主的产品手绘

学习目标

1. 独立分析技术指标，查阅资料，整理设计任务要点归纳表。

2. 根据市场调研报告整理相关资料，并得出保温杯方案设计定位。

3. 根据设计定位，以小组为单位，开展头脑风暴，收集可发展的创意点，并整理出设计方案指导性资料。

4. 掌握基本几何形态的产品手绘技法（点、线、面、体的绘制方法）。

5. 运用产品手绘技法正确绘制产品的外观形态，掌握其尺寸比例关系、产品外观形态和特征，以及产品的颜色、材质和细节。

6. 运用机械制图知识正确绘制产品三视图。

7. 对身边美的物品进行欣赏和观察。

8. 正确评价草图，并准确表达，提高评审和表达能力。

9. 按时将学习成果移交给教师审核，由教师检查并评价草图。

10. 在操作过程中，提高对资料的整理和分析能力、三维空间想象能力、审美能力、美感表达能力、评审和表达能力、沟通表达能力。

建议学时 48 学时

工作情境描述

　　某工业设计公司需要设计一款不锈钢保温杯，设计人员首先要对市场上热销的保温杯外观造型、使用人群需求、成本、容量、年销售量等进行对比分析，为后续设计提供可参照的资料。再根据调研资料，设计师团队进行头脑风暴等，确定设计风格与定位。最后进行该保温杯的外观设计手绘。其中，对保温杯的外观设计手绘是一项关键工作。该项工作若失误将导致保温杯产品开发工作的延迟，从而影响整个项目的时间进度，甚至影响新产品在市场中的竞争力。该类产品的外观设计手绘技术相对简单，但对简单几何形态的整体造型需要创造力和严谨的工作态度，并须经授权人员审核方可通过。要求在 20 天内完成 10 个以上的设计草图方案，设计方案手绘稿要求清晰表达产品形态、尺寸比例、材质、颜色以及部分细节特征。完成后由专业教师审核签字再提交企业。优秀作品作为优秀方案模板，在学业成果展中展示。

　　产品受众为有一定消费能力和审美能力的都市年轻人，产品价格区间定在 50～300元，年销售量 10 万～30 万个，容量为 350mL。

工作流程与活动

- 产品二维效果图绘制前准备　**2**　学时
- 基本几何形态的产品手绘技法练习　**8**　学时
- 实施不锈钢保温杯草图绘制　**28**　学时
- 优化设计方案，进行反馈　**8**　学时
- 成果审核　**1**　学时
- 总结评价　**1**　学时

学习活动 1.1

产品二维效果图绘制前准备

学习目标

　　阅读任务书，明确任务完成时间、资料提交要求，查阅资料，明确不锈钢保温杯的几何参数，充分了解任务要求中各项专业技术指标后，在任务书中签字确认。

● 建议学时 ② 学时

学习过程

1.1.1　阅读任务书

任务书

单号：_____　　开单部门：_____　　开单人：_____
开单时间：_____年____月____日____时____分
接单部门：_____工程_____部_____结构设计_____组

任务概述	某工业设计公司需要设计一款不锈钢保温杯，设计人员首先要对市场上热销的保温杯外观造型、使用人群需求、成本、容量、年销售量等进行对比分析，为后续设计提供可参照的资料。再根据调研资料，设计师团队进行头脑风暴等，确定设计风格与定位。最后进行该保温杯的外观设计手绘。要求在 20 天内完成 10 个以上的设计草图方案，设计方案手绘稿要求清晰表达产品形态、尺寸比例、材质、颜色以及部分细节特征。 　　产品受众为有一定消费能力和审美能力的都市年轻人，产品价格区间定在 50 ～ 300 元，年销售量 10 万～ 30 万个，容量为 350mL。
提供的产品以及工具	不锈钢保温杯样品一个 工具箱一个 马克笔一套、铅笔绘图工具一套
任务完成时间	5 天
接单人	（签名） 　　　　　　　　　　年　　月　　日

独立阅读上述任务书，明确任务完成时间、资料提交要求，内容包括清晰表达不锈钢保温杯的产品形态、尺寸比例、材质、颜色以及部分细节特征的手绘稿。用荧光笔在任务书中画出关键词，并将关键词摘录于下，用星号标注出需要进一步了解的词。

1.1.2　了解不锈钢保温杯的基本结构

1.1.3　了解不锈钢保温杯的材质

1.1.4　了解不锈钢保温杯的颜色搭配

1.1.5　简述不锈钢保温杯的形状和基本尺寸参数

学习活动 | 1.2

基本几何形态的产品手绘技法练习

学习目标

1. 了解并熟悉产品手绘的基本概念、使用范围及作用。

2. 掌握点、线、面、体的手绘技法。

3. 根据之前整理出的不锈钢保温杯的基本几何形态，熟练使用相关的产品手绘技法。

● 建议学时 **8** 学时

学习过程

1.2.1 了解产品手绘相关知识

1. 产品手绘的基本概念。

_____

_____

2. 产品手绘的使用范围。

_____

_____

3. 产品手绘的重要作用。

_____

_____

1.2.2 学习点、线、面、体的手绘技法

1. 点、线的基本手绘技法练习。

绘制直线基础图

绘制直线空间图

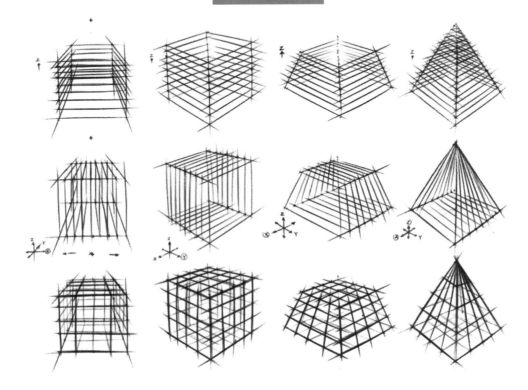

绘制弧线基础图

绘制弧线空间图

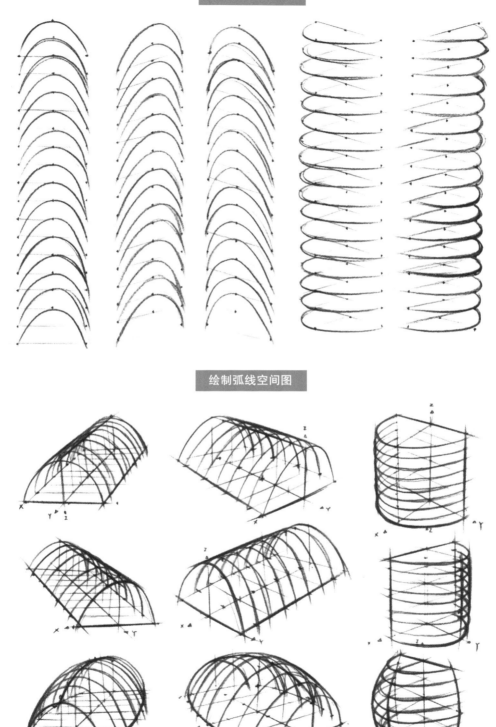

2. 面的基本手绘技法练习。

绘制椭圆空间图

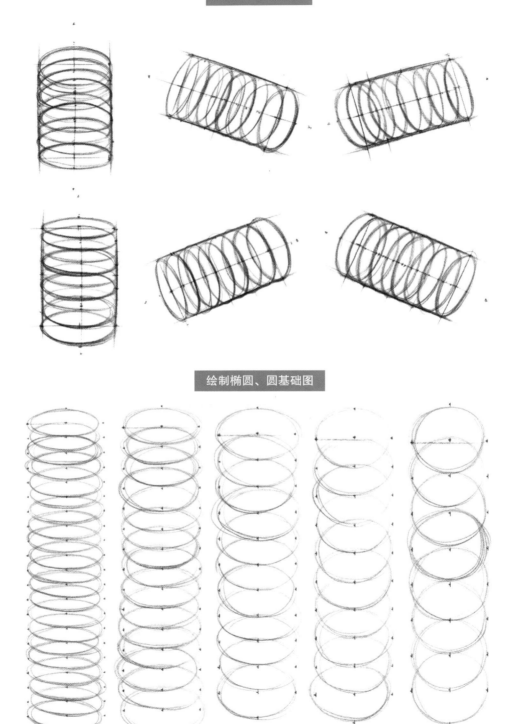

绘制椭圆、圆基础图

3. 立方体的基本手绘技法练习。

绘制立方体旋转图

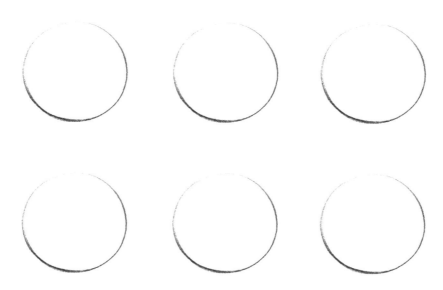

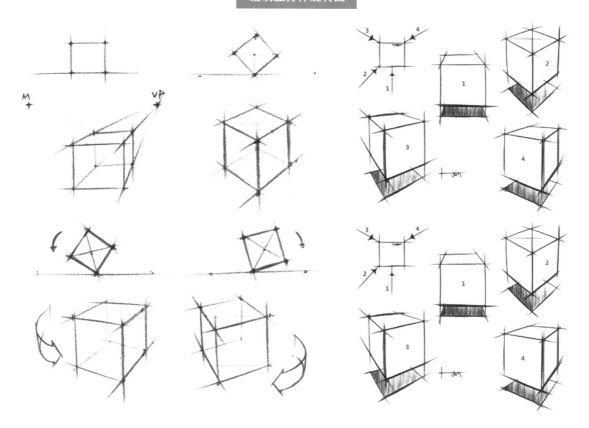

4. 球体的基本手绘技法练习。

绘制球体空间图

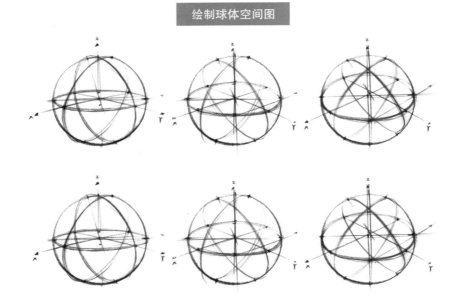

1.2.3 不锈钢保温杯基本几何形态手绘技法

1. 线的手绘技法要点。

_____

_____

2. 圆、椭圆的手绘技法要点。

_____

_____

3. 圆柱的手绘技法要点。

_____

_____

4. 相关材质色彩的手绘技法要点。

_____

_____

5. 基本几何形态透视技法要点。

_____

_____

6. 圆柱、曲线的基本手绘技法练习。

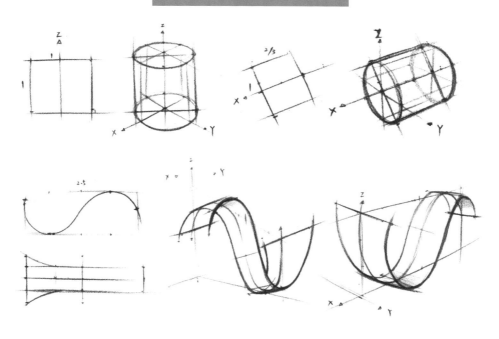

绘制圆柱、曲线（曲面）比例图

绘制圆柱上下透视图

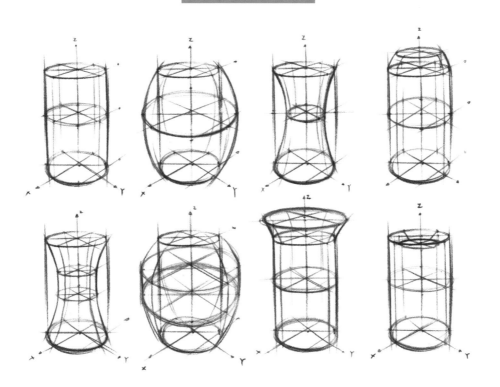

绘制圆柱左右透视图

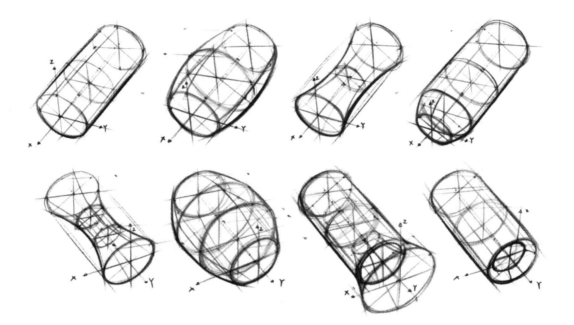

本节手绘练习图粘贴处

实施不锈钢保温杯草图绘制

学习目标

1. 根据之前整理出的不锈钢保温杯设计方案指导性资料，运用相关产品手绘技法，绘制产品设计草图。

2. 对草图上色，并体现产品材质。

3. 熟练处理细节部分的表现。

● 建议学时 28 学时

学习过程

1.3.1 绘制产品外观形态

1. 确定不锈钢保温杯的尺寸比例。

不锈钢保温杯的底部直径与高度的比例是_____；盖子高度与主体高度的比例是_____。

2. 绘制出产品外观形态。

手

绘

稿

粘

贴

处

3. 简述保温杯结构素描步骤。

1.3.2　绘制不锈钢保温杯的颜色、材质

1. 用马克笔上色需要注意些什么？

2. 各种颜色在上色的过程中使用的先后顺序是怎样的？

3. 怎样体现出产品的材质?

1.3.3　绘制不锈钢保温杯部分细节

1. 简述产品手绘透视的体现方法。

2. 怎样将产品手绘立体感更好地体现出来?

3. 马克笔不锈钢上色范例。

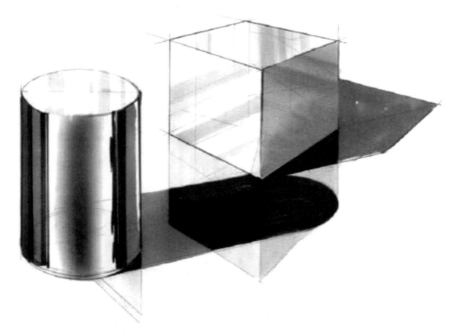

1.3.4 绘制不锈钢保温杯三视图

学 习 活 动

优化设计方案，进行反馈

学习目标

1. 分析自己的手绘稿在产品手绘表达中存在的问题。

2. 整理设计草图修改意见。

3. 根据设计草图修改意见，对可发展方案进行修改、深化。

● 建议学时 **8** 学时

学习过程

1.4.1 整理设计草图修改意见

项目	存在问题	修改意见
产品形态		
产品色彩		
产品材质		
细节表达		

1.4.2 修改、深化可发展方案

多种材质、各种类型的不锈钢保温杯的手绘技法练习。

学习活动 1.5

成果审核

学习目标

审核他人的设计成果并提出修改意见。

• 建议学时 ① 学时

学习过程

审核其他同学的手绘稿，并提出修改意见。检查不锈钢保温杯的结构特点是否表达完整、尺寸比例与实物尺寸比例是否一致以及列表记录错误之处，并在原图上做彩色标注。手绘稿经作者修改后，交由审核者确认并签字。

手
绘
稿
粘
贴
处

学习活动 **1.6**

总 结 评 价

学习目标

总结学习本次任务过程中遇到的问题，并正确填写评价表。

● 建议学时 (1) 学时

学习过程

1.6.1 总结

总结本任务中在测量、草绘、上色过程中遇到的困难及解决方法。

1.6.2 填写评价表

如实完成以下评价表中的内容。

模块	评价内容	自评	他评
工作态度 （10分）	参与任务的积极性 （非常积极 5 分、一般 2 分、不积极 0 分）		
	在规定的时间内完成任务 （完成 5 分、未完成 0 分）		
测量 （20分）	测量器具使用错误，每次扣 5 分 数据处理错误，每处扣 3 分		
手绘 （50分）	能用立体图、俯视图、仰视图、平视图、透视图表达产品的完整形态 图纸选择不合理，扣 3 分 绘制比例选择不合理，扣 5 分 视图表达不合理或未能完整表达，扣 10 ～ 15 分 字体书写不认真，每处扣 2 分 图面不干净、不整洁者，扣 2 ～ 5 分 线条不清晰，扣 2 ～ 8 分		
上色 （20分）	能通过马克笔表达产品的体积 色彩色差大，扣 5 ～ 10 分 材质表达不清晰，扣 5 ～ 10 分 色彩超出轮廓范围，每处扣 2 分 轮廓边缘处理不当，每处扣 2 分 细节表达不清晰，扣 5 ～ 10 分		
总分（100分）			

多几何体交叉组合的产品手绘

学习目标

1. 独立分析技术指标，查阅资料，整理设计任务要点归纳表。

2. 根据市场调研报告整理相关资料，并得出无叶风扇方案设计定位。

3. 根据设计定位，以小组为单位，开展头脑风暴，收集可发展的创意点，并整理出设计方案指导性资料。

4. 正确绘制产品的外观形态，掌握其尺寸比例关系、产品外观形态和特征，以及产品的颜色、材质和细节。

5. 运用机械制图知识正确绘制产品三视图。

6. 对身边美的物品进行欣赏和观察。

7. 正确评价草图，并准确表达，提高评审和表达能力。

8. 按时将学习成果移交给教师审核，由教师检查并评价草图。

9. 在操作过程中，提高对资料的整理和分析能力、三维空间想象能力、审美能力、美感表达能力、评审和表达能力、沟通表达能力。

● 建议学时 **48** 学时

工作情境描述

某工业设计公司需要设计一款无叶风扇，设计人员首先要对市场上热销的无叶风扇的外观造型、使用人群需求、成本、体积、年销售量等进行对比分析，为后续设计提供可参照的资料。再根据调研资料，设计师团队进行头脑风暴等，确定设计风格与定位。最后进行该无叶风扇的外观设计手绘。其中，对无叶风扇的外观设计手绘是一项关键工作。该项工作若失误将导致无叶风扇产品开发工作的延迟，从而影响整个项目的时间进度，甚至影响新产品在市场中的竞争力。该类产品的外观设计手绘技术相对简单，但对简单几何形态的整体造型需要创造力和严谨的工作态度，并须经授权人员审核方可通过。要求在 30 天内完成 5 个以上的设计草图方案，设计方案手绘稿要求清晰表达产品形态、尺寸比例、材质、颜色以及部分细节特征。完成后由专业教师审核签字再提交企业。优秀作品作为优秀方案模板，在学业成果展中展示。

产品受众为有一定消费能力和审美能力的都市年轻人，产品价格区间定在 300 ～ 500 元，年销售量 15 万台，出风口部分尺寸 300 ～ 400mm，过滤底座部分尺寸 200 ～ 400mm。

工作流程与活动

- 产品二维效果图绘制前准备　　（2）学时
- 多几何体交叉组合的产品手绘技法练习　（6）学时
- 实施无叶风扇草图绘制　　（28）学时
- 优化设计方案，进行反馈　（10）学时　　成果审核　（1）学时
- 总结评价　（1）学时

学习活动 2.1

产品二维效果图绘制前准备

学习目标

阅读任务书，明确任务完成时间、资料提交要求，查阅资料，明确无叶风扇的几何参数，充分了解任务要求中的各项专业技术指标后，在任务书中签字确认。

● 建议学时 ②学时

学习过程

2.1.1 阅读任务书

任 务 书

单号：_____ 开单部门：_____ 开单人：_____
开单时间：_____年____月____日____时____分
接单部门：_____工程____部____结构设计____组

任务概述	某工业设计公司需要设计一款无叶风扇，设计人员首先要对市场上热销的无叶风扇外观造型、使用人群需求、成本、体积、年销售量等进行对比分析，为后续设计提供可参照的资料。再根据调研资料，设计师团队进行头脑风暴等，确定设计风格与定位。最后进行该无叶风扇的外观设计手绘。要求在 30 天内完成 5 个以上的设计草图方案，设计方案手绘稿要求清晰表达产品形态、尺寸比例、材质、颜色以及部分细节特征。 产品受众为有一定消费能力和审美能力的都市年轻人，产品价格区间定在 300 ～ 500 元，年销售量 15 万台，出风口部分尺寸 300 ～ 400mm，过滤底座部分尺寸 200 ～ 400mm。
提供的产品以及工具	无叶风扇样品一部 工具箱一个 游标卡尺一把、千分尺一把、R 规一套
任务完成时间	5 天
接单人	（签名） 　　　　　　　　　年　　　月　　　日

独立阅读上述任务书，明确任务完成时间、资料提交要求，内容包括清晰表达无叶风扇的产品形态、尺寸比例、材质、颜色以及部分细节特征的手绘稿。用荧光笔在任务书中画出关键词，并将关键词摘录于下，用星号标注出需要进一步了解的词。

2.1.2 了解无叶风扇的基本结构

2.1.3 了解无叶风扇的材质

2.1.4　了解无叶风扇用到的颜色搭配

2.1.5　简述无叶风扇的形状和基本尺寸参数

学习活动 2.2

多几何体交叉组合的产品手绘技法练习

学习目标

1. 熟悉不同几何形体产品手绘技法。

2. 掌握产品手绘透视原理及技法。

3. 根据之前整理出的无叶风扇的多种几何形态关系，熟练使用相关的产品手绘技法。

● 建议学时 ⑥ 学时

学习过程

2.2.1 了解并练习不同几何形态产品的手绘技法

1. 立方体形态手绘技法练习。

绘制立方体图

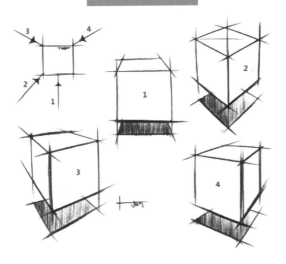

2.圆柱体形态手绘技法练习。

绘制圆柱体图

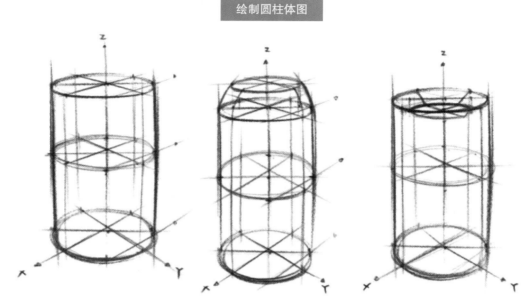

3.球体形态手绘技法练习。

绘制球体图

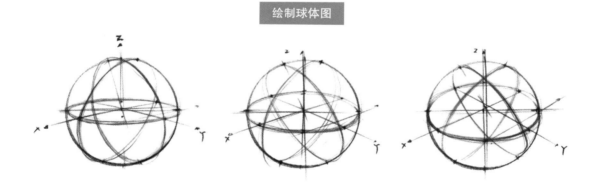

2.2.2 产品透视原理及手绘技法

1.产品透视基本原理详解。

平行透视,即一点透视。当立方体的一个面与画面平行,另一个面与画面垂直,且只有一个消失点时,产生的透视现象称之为平行透视。这种透视表现范围广、对称感强、纵伸感强,适合于表现整齐、严肃、庄严的题材。

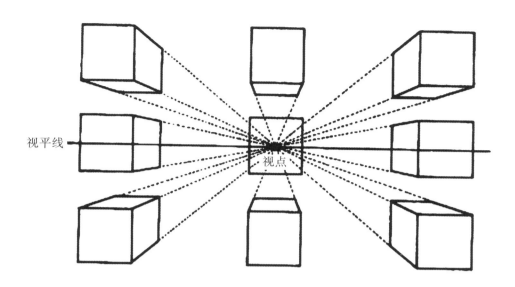

成角透视，即两点透视。就是把立方体画到画面上，立方体的四个面相对于画面倾斜成一定角度时，往纵深平行的直线产生了两个消失点。在这种平行情况下，与上下两个水平面相垂直的平行线也产生了长度的缩小，但是不带有消失点。

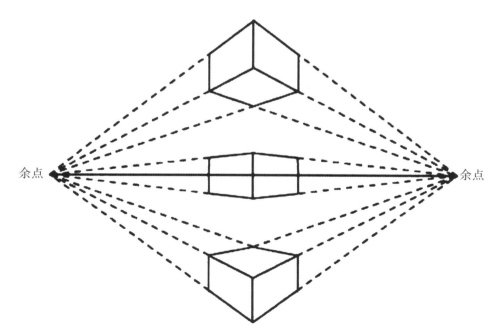

2. 一点透视手绘技法练习。

绘制立方体一点透视图

3. 两点透视手绘技法练习。

绘制立方体两点透视图

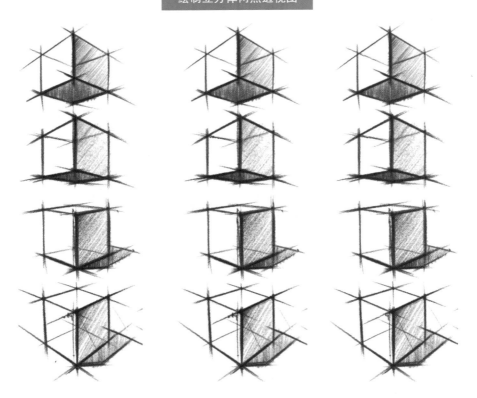

2.2.3 无叶风扇多几何形态交叉手绘技法

1. 曲面的手绘技法要点。

_____

_____

2. 柱体、立方体的手绘技法要点。

_____

_____

3. 相关材质色彩的手绘技法要点。

_____

_____

4. 多几何形态交叉相关透视技法要点。

_____

_____

5. 线、面、立方体的手绘技法练习。

绘制线、面、立方体图

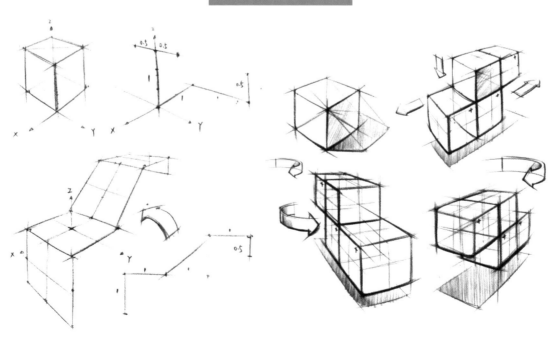

本节手绘练习图粘贴处

学习活动 **2.3**

实施无叶风扇草图绘制

学习目标

1. 根据之前整理出的无叶风扇设计方案指导性资料，绘制产品设计草图。

2. 对草图进行上色，并体现产品材质。

3. 熟练处理细节表现。

● 建议学时 （28） 学时

学习过程

2.3.1 绘制产品外观形态

1. 确定无叶风扇的尺寸比例。

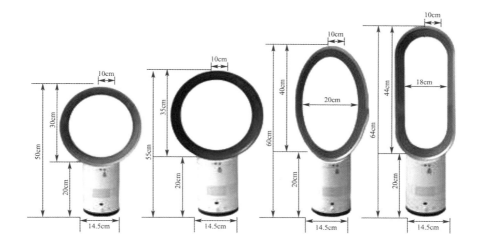

　　无叶风扇的底部直径与高度的比例是＿＿＿＿＿＿＿＿＿＿＿＿＿＿＿＿；上下部分高度比例是＿＿＿＿＿＿＿＿＿＿＿。

　　2.绘制出产品外观形态。

手

绘

稿

粘

贴

处

2.3.2 绘制无叶风扇的颜色、材质

1.选用马克笔、彩色铅笔、颜料等上色时，需要注意些什么？

2. 各种颜色在上色的过程中使用的先后顺序是怎样的？

3. 怎样体现出产品的材质?

2.3.3　绘制无叶风扇部分细节

2.3.4　绘制无叶风扇多角度视图

学习活动 **2.4**

优化设计方案，进行反馈

学习目标

1. 分析自己的手绘稿在产品手绘表达中的问题。

2. 整理设计草图修改意见。

3. 根据整理出的设计草图修改意见对可发展方案进行修改、深化。

● 建议学时 ⑩ 学时

学习过程

2.4.1 整理设计草图修改意见

项目	存在问题	修改意见
产品形态		
产品色彩		
产品材质		
细节表达		

2.4.2　修改、深化可发展方案

多种材质、各种类型的无叶风扇的手绘技法练习。

学 习 活 动 | 2.5

成 果 审 核

学习目标

审核他人的设计成果并提出修改意见。

● 建议学时 (1) 学时

学习过程

审核其他同学的手绘稿，并提出修改意见。检查无叶风扇的结构特点是否表达完整、尺寸比例与实物尺寸比例是否一致，列表记录错误之处，并在原图上做彩色标注。手绘稿经作者修改后，交由审核者确认并签字。

手
绘
稿
粘
贴
处

学习活动 **2.6**

总 结 评 价

学习目标

总结学习本次任务过程中遇到的问题，并正确填写评价表。

● 建议学时 （1）学时

学习过程

2.6.1 总结

总结本任务中在测量、草绘、上色过程中遇到的困难及解决方法。

2.6.2　填写评价表

如实完成以下评价表中的内容。

模块	评价内容	自评	他评
工作态度 （10分）	参与任务的积极性 （非常积极5分、一般2分、不积极0分）		
	在规定的时间内完成任务 （完成5分、未完成0分）		
测量 （20分）	测量器具使用错误，每次扣5分 数据处理错误，每处扣3分		
手绘 （40分）	图纸选择不合理，扣3分 绘制比例选择不合理，扣5分 视图表达不合理或未能完整表达，扣10～15分 字体书写不认真，每处扣2分 图面不干净、不整洁者，扣2～5分 线条不清晰，扣2～8分		
上色 （30分）	色彩色差大，扣5～10分 材质表达不清晰，扣5～10分 色彩超出轮廓范围，每处扣2分 轮廓边缘处理不当，每处扣2分 细节表达不清晰，扣5～10分		
总分（100分）			

带曲面形态的产品手绘

学习目标

1. 独立分析技术指标，查阅资料，整理设计任务要点归纳表。

2. 根据市场调研报告整理相关资料，并得出智能电饭煲方案设计定位。

3. 根据设计定位，以小组为单位，开展头脑风暴，收集可发展的创意点，并整理出设计方案指导性资料。

4. 正确绘制产品的外观形态，掌握其产品尺寸比例关系、产品外观形态和特征，以及产品的颜色、材质和细节。

5. 运用机械制图知识正确绘制产品三视图。

6. 对身边美的物品进行欣赏和观察。

7. 正确评价草图，并准确表达，提高评审和表达能力。

8. 按时将学习成果移交给教师审核，由教师检查并评价草图。

9. 在操作过程中，提高对资料的整理和分析能力、三维空间想象能力、审美能力、美感表达能力、评审和表达能力、沟通表达能力。

○ 建议学时 （48） 学时

工作情境描述

某工业设计公司需要设计一款智能电饭煲，设计人员首先要对市场上热销的智能电饭煲的外观造型、使用人群需求、成本、容量、年销售量等进行对比分析，为后续设计提供可参照的资料。再根据调研资料，设计师团队进行头脑风暴等，确定设计风格与定位。最后进行该智能电饭煲的外观设计手绘。其中，对智能电饭煲的外观设计手绘是一项关键工作。该项工作若失误将导致智能电饭煲产品开发工作的延迟，从而影响整个项目的时间进度，甚至影响新产品在市场中的竞争力。该类产品的外观设计手绘技术相对简单，但对带曲面形态的整体造型需要创造力和严谨的工作态度，并须经授权人员审核方可通过。要求在40天内完成5个以上的设计草图方案，设计方案手绘稿要求清晰表达产品形态、尺寸比例、材质、颜色以及部分细节特征。完成后由专业教师审核签字再提交企业。优秀作品作为优秀方案模板，在学业成果展中展示。

产品受众为有一定消费能力和审美能力的都市年轻人，产品价格区间定在300～800元，年销售量30万个，容量为4L。

工作流程与活动

- 产品二维效果图绘制前准备 ② 学时

- 带曲面形态的产品手绘技法练习 ⑧ 学时

- 实施智能电饭煲草图绘制 ㉘ 学时

- 优化设计方案，进行反馈 ⑧ 学时　　成果审核 ① 学时

- 总结评价 ① 学时

学习活动 3.1

产品二维效果图绘制前准备

学习目标

阅读任务书，明确任务完成时间、资料提交要求，查阅资料，明确智能电饭煲的几何参数，充分了解任务要求中的各项专业技术指标后，在任务书中签字确认。

● 建议学时 (1) 学时

学习过程

3.1.1 阅读任务书

任务书

单号：_____ 开单部门：_____ 开单人：_____
开单时间：_____年____月____日____时____分
接单部门：_____工程_____部_____结构设计_____组

任务概述	某工业设计公司需要设计一款智能电饭煲，设计人员首先要对市场上热销的智能电饭煲外观造型、使用人群需求、成本、容量、年销售量等进行对比分析，为后续设计提供可参照的资料。再根据调研资料，设计师团队进行头脑风暴等，确定设计风格与定位。最后进行该智能电饭煲的外观设计手绘。要求在40天内完成5个以上的设计草图方案，设计方案手绘稿要求清晰表达产品形态、尺寸比例、材质、颜色以及部分细节特征。 　　产品受众为有一定消费能力和审美能力的都市年轻人，产品价格区间定在300～800元，年销售量30万个，容量为4L。
提供的产品以及工具	智能电饭煲样品一个 工具箱一个 游标卡尺一把
任务完成时间	5天
接单人	（签名） 　　　　　　　　　　年　　月　　日

独立阅读上述任务书，明确任务完成时间、资料提交要求，内容包括清晰表达智能电饭煲的产品形态、尺寸比例、材质、颜色以及部分细节特征的手绘稿。用荧光笔在任务书中画出关键词，并将关键词摘录于下，用星号标注出需要进一步了解的词。

3.1.2　了解智能电饭煲的基本结构

3.1.3　了解智能电饭煲的材质

3.1.4 了解智能电饭煲的颜色搭配

3.1.5 简述智能电饭煲的形状和基本尺寸参数

带曲面形态的产品手绘技法练习

学习目标

1. 熟悉曲面形态的产品手绘技法。

2. 掌握产品手绘透视原理及技法。

3. 根据之前整理出的智能电饭煲所涉及的曲面形态，熟练使用相关的产品手绘技法。

建议学时　（8）　学时

学习过程

3.2.1　了解并练习曲面形态产品的手绘技法

1. 曲线手绘技法练习。

绘制曲线图

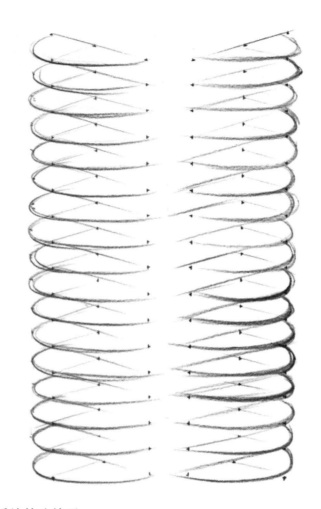

2. 圆形相关手绘技法练习。

绘制圆形相关图

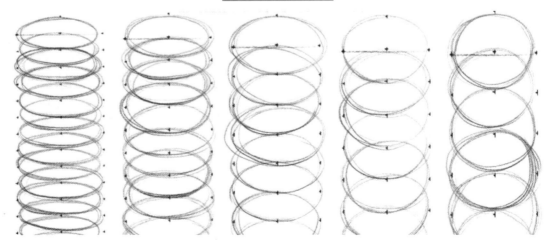

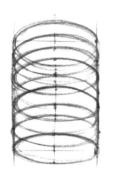  

3.曲面手绘技法练习。

绘制曲面综合练习图

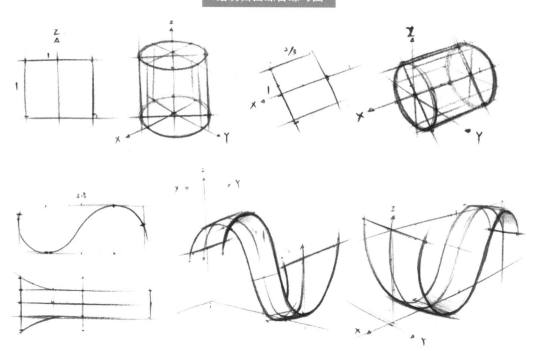

3.2.2　产品透视原理及手绘技法

1.复杂产品透视基本原理要点。

_____

_____

2. 圆角（R角）透视手绘技法练习。

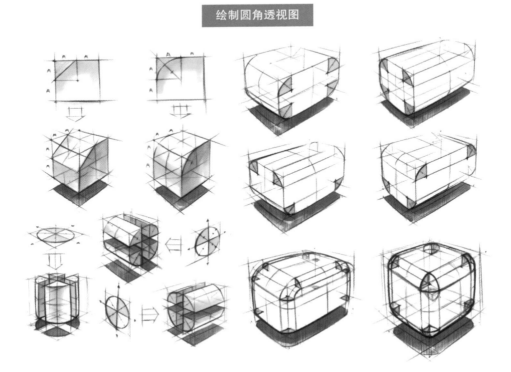

绘制圆角透视图

3.2.3　智能电饭煲带曲面形态的手绘技法

1. 曲面的手绘技法要点。

_____

_____

2. 柱体、立方体的手绘技法要点。

_____

_____

3. 相关材质色彩的手绘技法要点。

_____

_____

4. 带曲面形态产品相关透视技法要点。

_____

_____

本节手绘练习图粘贴处

学习活动 **3.3**

实施智能电饭煲草图绘制

学习目标

1. 根据之前整理出的智能电饭煲设计方案指导性资料，绘制产品设计草图。

2. 对草图进行上色并体现产品材质。

3. 熟练处理细节部分的表现。

● 建议学时 **28** 学时

学习过程

根据产品曲面形态，绘制上盖、按键、屏幕、底座、把手等组合起来的透视关系，使用马克笔上色表达产品的多种材质和颜色。

3.3.1 绘制产品外观形态

1. 确定智能电饭煲的尺寸比例。

智能电饭煲的底部直径与高度的比例是_____。

2. 绘制出产品外观形态。

手
绘
稿
粘
贴
处

3.3.2　绘制智能电饭煲的颜色、材质

1.选用马克笔、彩色铅笔、颜料等上色时，需要注意些什么？

2.各种颜色在上色的过程中使用的先后顺序是怎样的？

3.怎样体现出产品的材质？

3.3.3 绘制智能电饭煲部分细节

3.3.4 绘制智能电饭煲多角度视图

学习活动 **3.4**

优化设计方案，进行反馈

学习目标

1. 分析自己的手绘稿在产品手绘表达中的问题。

2. 整理设计草图修改意见。

3. 根据整理出的设计草图修改意见对可发展方案进行修改、深化。

● 建议学时 **8** 学时

学习过程

3.4.1 整理设计草图修改意见

项目	存在问题	修改意见
产品形态		
产品色彩		
产品材质		
细节表达		

3.4.2　修改、深化可发展方案

多种材质、各种类型的智能电饭煲的手绘技法练习。

成果审核

学习目标

审核他人的设计成果并提出修改意见。

● 建议学时 (1) 学时

学习过程

审核其他同学的手绘稿，并提出修改意见。检查智能电饭煲的结构特点是否表达完整、尺寸比例与实物尺寸比例是否一致，列表记录错误之处，并在原图上做彩色标注。手绘稿经作者修改后，交由审核者确认并签字。

手
绘
稿
粘
贴
处

学习活动 **3.6**

总 结 评 价

学习目标

总结学习本次任务过程中遇到的问题，并正确填写评价表。

● 建议学时 ① 学时

学习过程

3.6.1 总结

总结本任务中在测量、草绘、上色过程中遇到的困难及解决方法。

3.6.2 填写评价表

如实完成以下评价表中的内容。

模块	评价内容	自评	他评
工作态度 （10分）	参与任务的积极性 （非常积极5分、一般2分、不积极0分）		
	在规定的时间内完成任务 （完成5分、未完成0分）		
测量 （20分）	测量器具使用错误，每次扣5分 数据处理错误，每处扣3分		
手绘 （40分）	图纸选择不合理，扣3分 绘制比例选择不合理，扣5分 视图表达不合理或未能完整表达，扣10～15分 字体书写不认真，每处扣2分 图面不干净、不整洁者，扣2～5分 线条不清晰，扣2～8分		
上色 （30分）	色彩色差大，扣5～10分 材质表达不清晰，扣5～10分 色彩超出轮廓范围，每处扣2分 轮廓边缘处理不当，每处扣2分 细节表达不清晰，扣5～10分		
总分（100分）			

学习任务 ④

复杂形态的产品手绘

学习目标

1. 独立分析技术指标，查阅资料，整理设计任务要点归纳表。

2. 根据市场调研报告整理相关资料，并得出手电钻方案设计定位。

3. 根据设计定位，以小组为单位，开展头脑风暴，收集可发展的创意点，并整理出设计方案指导性资料。

4. 正确绘制产品的外观形态，掌握其尺寸比例关系、产品外观形态和特征，以及产品的颜色、材质和细节。

5. 运用机械制图知识正确绘制产品三视图。

6. 对身边美的物品进行欣赏和观察。

7. 正确评价草图，并准确表达，提高评审和表达能力。

8. 按时将学习成果移交给教师审核，由教师检查并评价草图。

9. 在操作过程中，提高对资料的整理和分析能力、三维空间想象能力、审美能力、美感表达能力、评审和表达能力、沟通表达能力。

● 建议学时 48 学时

工作情境描述

　　某工业设计公司需要设计一款手电钻，设计人员首先要对市场上热销的手电钻外观造型、使用人群需求、成本、体积、年销售量等进行对比分析，为后续设计提供可参照的资料。再根据调研资料，设计师团队进行头脑风暴等，确定设计风格与定位。最后进行该手电钻的外观设计手绘。其中，对手电钻的外观设计手绘是一项关键工作。该项工作若失误将导致手电钻产品开发工作的延迟，从而影响整个项目的时间进度，甚至影响新产品在市场中的竞争力。该类产品的外观设计手绘技术相对简单，但对复杂形态的整体造型需要创造力和严谨的工作态度，并须经授权人员审核方可通过。要求在50天内完成3个以上的设计草图方案，设计方案手绘稿要求清晰表达产品形态、尺寸比例、材质、颜色以及部分细节特征。完成后由专业教师审核签字再提交企业。优秀作品作为优秀方案模板，在学业成果展中展示。

　　产品受众为土木建筑类从业人员，产品价格区间定在300～500元，年销售量30万台，尺寸为223mm×190mm。

工作流程与活动

- 产品二维效果图绘制前准备　　　　　(2) 学时
- 复杂形态的产品手绘技法练习　　　　(10) 学时
- 实施手电钻草图绘制　　　　　　　　(26) 学时
- 优化设计方案，进行反馈 (8) 学时　　　　成果审核 (1) 学时
- 总结评价 (1) 学时

产品二维效果图绘制前准备

学习目标

阅读任务书，明确任务完成时间、资料提交要求，查阅资料明确手电钻的几何参数，充分了解任务要求中的各项专业技术指标后，在任务书中签字确认。

● 建议学时 ②2 学时

学习过程

4.1.1 阅读任务书

任务书

单号：_____ 开单部门：_____ 开单人：_____	
开单时间：_____年____月____日____时____分	
接单部门：_____工程____部____结构设计_____组	
任务概述	某工业设计公司需要设计一款手电钻，设计人员首先要对市场上热销的手电钻外观造型、使用人群需求、成本、体积、年销售量等进行对比分析，为后续设计提供可参照的资料。再根据调研资料，设计师团队进行头脑风暴等，确定设计风格与定位。最后进行该手电钻的外观设计手绘。要求在50天内完成3个以上设计草图方案，设计方案手绘稿要求清晰表达产品形态、尺寸比例、材质、颜色以及部分细节特征。 　产品受众为土木建筑类从业人员，产品价格区间定在300～500元，年销售量30万台，尺寸为223mm×190mm。
提供的产品以及工具	手电钻样品一台 工具箱一个 游标卡尺一把
任务完成时间	5 天
接单人	（签名） 　　　　　　　　年　　月　　日

　　独立阅读上述任务书，明确任务完成时间、资料提交要求，内容包括清晰表达手电钻的产品形态、尺寸比例、材质、颜色以及部分细节特征的手绘稿。用荧光笔在任务书中画出关键词，并将关键词摘录于下，用星号标注出需要进一步了解的词。

4.1.2　了解手电钻的基本结构

4.1.3　了解手电钻的材质

4.1.4　了解手电钻的颜色搭配

4.1.5　简述手电钻的形状和基本尺寸参数

复杂形态的产品手绘技法练习

学习目标

1. 熟悉复杂形态产品的手绘技法。

2. 掌握产品手绘透视应用关系及技法。

3. 根据之前整理出的手电钻的各种形态关系，熟练使用相关的产品手绘技法。

● 建议学时 ⑩ 学时

学习过程

4.2.1 了解并练习各种复杂形态产品手绘技法

1. 手电钻绘画的关键点。

钻头的螺纹、手电钻进风口和出风口的造型表现以及手柄纹路的材质表现，把握多个几何形态穿插在一起的透视关系和曲面混接的过渡表达。

2. 复杂曲线手绘技法练习。

绘制复杂曲线图

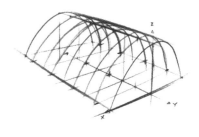
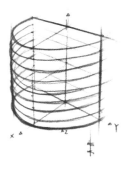

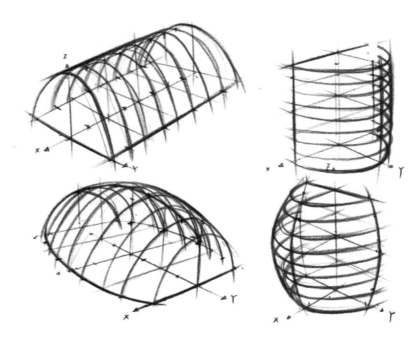

3. 立方体加减建模手绘技法练习。

绘制立方体加减图

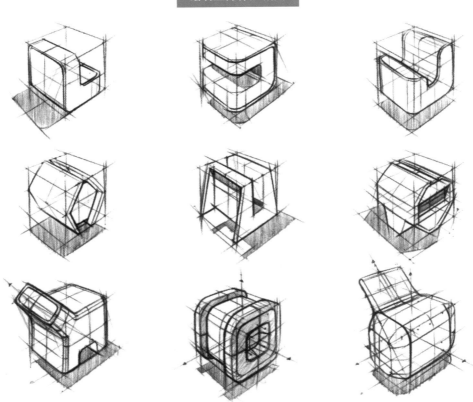

4.圆柱体加减建模手绘技法练习。

绘制圆柱体加减图

5.球体加减建模手绘技法练习。

绘制球体加减图

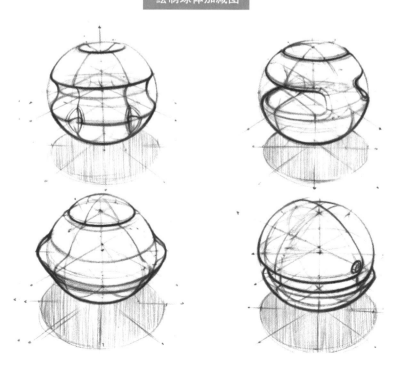

4.2.2 产品透视关系应用手绘技法

1. 产品透视原理要点。

_____

_____

2. 空间位移透视手绘技法练习。

绘制空间位移透视图

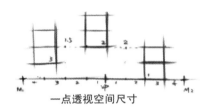

一点透视空间尺寸

形体自行在1:1:2的长方体上加减
（要求与示范形体不一样）

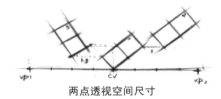

两点透视空间尺寸

形体自行在1:1:2的长方体上加减
（要求与示范形体不一样）

3. 立方体与圆柱体穿插透视关系应用练习。

绘制立方体与圆柱体穿插透视图

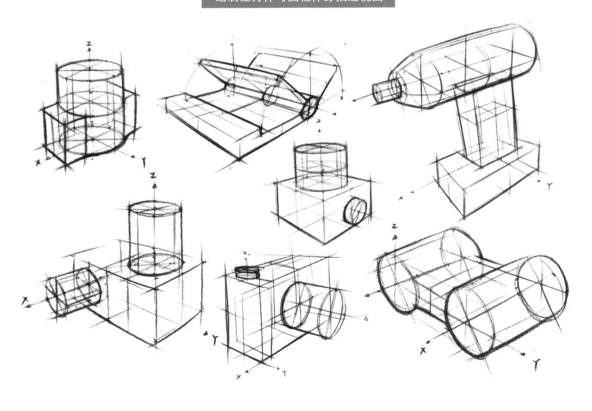

本节手绘练习图粘贴处

实施手电钻草图绘制

学习目标

1. 根据之前整理出的手电钻设计方案指导性资料,绘制产品设计草图。

2. 对草图进行上色并体现产品材质。

3. 熟练处理细节表现。

● 建议学时 (26) 学时

学习过程

4.3.1 绘制产品外观形态

1. 确定手电钻的尺寸比例。

手电钻的底部直径与高度的比例是＿＿＿＿＿＿＿＿。

2. 绘制出产品外观形态。

手

绘

稿

粘

贴

处

4.3.2　绘制手电钻的颜色、材质

1. 选用马克笔、彩色铅笔、颜料等上色时，需要注意些什么？

2. 各种颜色在上色的过程中使用的先后顺序是怎样的？

3. 怎样体现出产品的材质？

4.3.3 绘制手电钻部分细节

4.3.4 绘制手电钻多角度视图

学习活动 4.4

优化设计方案，进行反馈

学习目标

1. 分析自己的手绘稿在产品手绘表达中的问题。

2. 整理设计草图修改意见。

3. 根据整理出的设计草图修改意见对可发展方案进行修改、深化。

● 建议学时 ⑧ 学时

学习过程

4.1.1 整理设计草图修改意见

项目	存在问题	修改意见
产品形态		
产品色彩		
产品材质		
细节表达		

4.1.2　修改、深化可发展方案

手电钻的手绘技法练习。

成 果 审 核

学习目标

审核他人的设计成果并提出修改意见。

- 建议学时 (1) 学时

学习过程

审核其他同学的手绘稿，并提出修改意见。检查手电钻的结构特点是否表达完整、尺寸比例与实际尺寸比例是否一致以及列表记录错误之处，并在原图上做彩色标注。手绘稿经作者修改后，交由审核者确认并签字。

手
绘
稿
粘
贴
处

学习活动

4.6

总 结 评 价

学习目标

总结学习本次任务过程中遇到的问题，并正确填写评价表。

建议学时 （1） 学时

学习过程

4.6.1 总结

总结本任务中在测量、草绘、上色过程中遇到的困难及解决方法。

4.6.2　填写评价表

如实完成以下评价表中的内容。

模块	评价内容	自评	他评
工作态度 （10分）	参与任务的积极性 （非常积极5分、一般2分、不积极0分）		
	在规定的时间内完成任务 （完成5分、未完成0分）		
测量 （20分）	测量器具使用错误，每次扣5分 数据处理错误，每处扣3分		
手绘 （40分）	图纸选择不合理，扣3分 绘制比例选择不合理，扣5分 视图表达不合理或未能完整表达，扣10～15分 字体书写不认真，每处扣2分 图面不干净、不整洁者，扣2～5分 线条不清晰，扣2～8分		
上色 （30分）	能根据产品曲线的结构特性，运用合理的马克笔笔法 色彩色差大，扣5～10分 材质表达不清晰，扣5～10分 色彩超出轮廓范围，每处扣2分 轮廓边缘处理不当，每处扣2分 细节表达不清晰，扣5～10分		
总分（100分）			